小学童 探索百科博物馆系列

草原狮子王

小学童探索百科编委会·著

探索百科插画组·绘

北京日报出版社

目 录

小小的学童，大大的世界，让我们一起来探索吧！

我们是探索小分队，将陪伴小朋友们
一起踏上探索之旅。

我是爱提问的
汪宝

我是爱动脑筋的
咪宝

我是无所不知的
龙博士

shī

狮

形声字

"狮"字的来历

狮子并不是我国特有的动物，在汉代以前人们都还不知道它们是什么样子呢。东汉时期，西域将狮子作为贡品进献给朝廷，人们看到这种动物个头巨大，长相威风，觉得其气势和猛虎不相上下，狮子的威名便由此传开了。加之佛教传入中国，狮子又是佛教中的神兽，其名声就更大了，甚至都要超过老虎了。

因为狮子是外来的动物，所以"狮"这个形声字出现得也比较晚，而且一开始人们还用"师"字来表示。字的左边为"犭（犬）"形，表明狮子是一种凶猛的食肉动物；右边为"师"音，也表示狮子像老师一样，是地位很高的兽中之王。

目前，狮子大部分都生活在非洲大草原上。而在亚洲，只在印度还生活着少量的亚洲狮，一度濒临灭绝。不过，它们现在已经得到了人们的保护，数量正在慢慢回升。

汉字小课堂

在我国先秦的古书中，记载有一种叫"狻猊"（suān ní）的神秘猛兽，说它们形似巨猫，能吃虎豹。后来，人们见到了来自西域的狮子，普遍认为书中的狻猊指的就是狮子。明朝时，民间兴起"龙生九子"的传说，狻猊被神化为其中一个龙子神兽，爱闻烟气、喜欢静坐，这和真正的狮子就不一样了。

小篆　　　　隶书　　　　楷书（繁）　　　楷书（简）

长长的鬃毛，威风凛凛
一声长啸，震动大地
带领狮群称霸草原
我就是 狮子王

狮子的身体有什么特点？

狮子体形庞大，尖牙利爪，长相十分威风。它们有一点和其他猫科动物不一样，就是雌雄长相差异很大。现在，我们就一起来认识一下它们吧。

耳朵 较短较圆。雄狮的耳朵常被鬃毛遮挡，母狮的耳朵基本是短短的半圆形。

鬃毛 雄狮专有。毛很长，有淡棕色、深棕色、黑色等，一直延伸到肩部、胸部，有时能到腹部。

非洲雄狮

鼻子 鼻骨较长，鼻头深色，嗅觉灵敏。

四肢 前肢比后肢更加强壮有力，捕猎时可以扑杀猎物。

（雄狮）（雌狮）

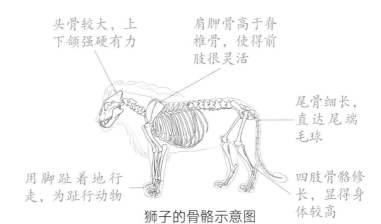

头骨较大，上
下颌强硬有力

肩胛骨高于脊
椎骨，使得前
肢很灵活

尾骨细长，
直达尾端
毛球

用脚趾着地行
走，为趾行动物

四肢骨骼修
长，显得身
体较高

狮子的骨骼示意图

头部 头部较大，脸型宽，嘴巴向前突出的部分较短。

体毛 全身披毛，但毛发较短，体色有浅灰、黄色或茶色。

非
洲
雌
狮

尾巴 相对较长，末端还有一簇深色长毛，形成毛球。

脚爪 脚爪宽，前脚有 5 趾，后脚有 4 趾；脚趾顶端的尖爪非常锋利，可以伸缩。

狮子的祖先是谁？我国古时候有没有狮子呢？

狮子最早的祖先和猫、熊、狼的一样，是几千万年前生活在树上的古猫兽。它们生活在潮湿的雨林中，身材小巧，有着长长的尾巴。后来从古猫兽逐渐进化出了不同的分支，如熊科、犬科、猫科等，而狮子就是猫科动物中的一员。

最早的狮子出现在非洲，是长得有点像豹子的动物。大约 150 万年前，非洲出现了原始狮，它们的后代向欧亚大陆和美洲扩散，分别进化出了洞狮、美洲拟狮等无鬃狮，并在亚洲东北部进化出一种叫"杨氏虎"的狮子。之所以名称中有"虎"字，是因为从外形上看，它们的身形有点像老虎，没有狮子那样长长的鬃毛，所以才被误称为"虎"，其实它们也是一种无鬃狮。杨氏虎在 35 万年前曾在我国东北部广泛分布，可以说是我国远古时期的狮子，只是后来它们和其他无鬃狮一样都灭绝了，我国也就没有狮子了。

史前欧亚大陆北部的荒原上，几只洞狮正在猎杀体形巨大的披毛犀。不过，洞狮并不是现代狮子的祖先，它们只是其近亲而已。

早期的狮子大多是体形巨大、没有长鬃毛的无鬃狮。最早的有鬃狮大约出现在 30 万年前的非洲，并逐渐取代了无鬃狮，现代的狮子就是它们的后代。

 以前的狮子也有威风的鬃毛吗？

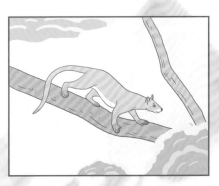

狮子最早的祖先是古猫兽，它们生活在树上，体形比较小。

杨氏虎的体形比美洲拟狮和洞狮小，但比现在的东北虎还是要大一点儿，属于无鬃狮。

为什么雌狮和雄狮会长得不一样呢？雄狮的鬃毛有什么用？

　　狮子是世界上唯一一种雌雄长相不同的猫科动物。雄狮脖颈处大都长着又长又密的鬃毛，而雌狮却没有。这种雌雄外貌形态不一样的现象，就叫"雌雄两态"。

　　雄狮的鬃毛看上去十分威风，鬃毛不仅是狮子的性别特征，还与其在群体中的地位有关。在一个狮群中，占主导地位的是长有鬃毛的雄狮，它们通常享有如先进食、先抢占乘凉地等优先权。鬃毛也暗示着雄狮的力量是否强大，普通狮子在看到鬃毛又密又长的雄狮时都会远远躲开，不与其争斗。另外，狮群中雄狮的鬃毛越威风，就越

表示它们吃得好、营养充分，说明这个狮群的捕猎水平很高，其他狮群就不会轻易冒犯这样一个狮群。如果雄狮鬃毛不威风，很容易招来其他雄狮的攻击，因为其鬃毛似乎在说自己"很好欺负"。

雄狮的鬃毛并不是很重，但因为它们生活的地区较为炎热，浓密的鬃毛就像一个"大围脖"，既闷热又易滋生寄生虫，还容易暴露其位置，尤其对于流浪的雄狮来说，如此显眼的鬃毛很难使其隐蔽地接近猎物。哎，雄狮拥有一身威风的鬃毛也会带来不少烦恼啊。

雄狮鬃毛长成记

雄狮的鬃毛真威风！

它们不嫌重吗？

1 岁以下的小雄狮还没有长出鬃毛。

快 2 岁时，小雄狮的鬃毛开始变长了。

两只雄狮一决高下时，鬃毛可以抵挡对手致命的撕咬和击打，起到一定的保护作用。

5 岁左右，雄狮的鬃毛基本长成，表示进入成年期了。

雄狮和雌狮长得不一样，这在猫科动物里是独一无二的。

有多帅，多漂亮！

随着雄狮年纪增长，鬃毛的颜色也大都会变得越来越深哦。

11

为什么说狮子是"草原之王"？它们打得过老虎吗？

　　狮子身体强壮结实，有着坚硬的头骨和下颌，尖牙利齿，十分凶猛，可以捕获体重超过250千克的中大型食草动物，如角马、斑马、疣(yóu)猪、牛羚，甚至体形很高大的长颈鹿。它们在草原上称王称霸，几乎没有对手，所以被称为"草原之王"。

　　生活在丛林中的老虎也同样凶猛，雄性东北虎的平均个头比非洲雄狮的还要大一些。如果单个的且体形差不多大的老虎和狮子决斗的话，老虎取胜的机会要大于狮子。因为无论是牙齿长度、嘴的咬合力、前肢的掌力、跳跃能力，还是身体的灵活性和捕猎技巧，老虎都要比狮子优秀。不过，老虎是"独行侠"，而狮子却是群体出击，一只老虎对付一群狮子，那老虎的结局估计也只能是惨败了。

狮子来啦！

狮子是草原上的顶级猎食者，它们的对手除了同类，恐怕只有带有枪支的人类了。

又是狮子……

为什么狮子要一大家子在一起生活呢？

狮子通常都会结成狮群一起生活，其原因可能是狮子大多生活在非洲大草原上，那里地形辽阔平坦，树木也不像森林那样茂密，而狮子要捕食的食草动物，有的个头大、力气大，有的跑得快、跳得高，个个都难对付。如果狮子单独去追捕这些猎物，要么容易受伤，要么很难追上，捕猎成功率很低。因此，为了生存的需要，狮子们就结成狮群，通过合作来捕猎，大大提高了成功率。不过，即使这样，狮子也是大约每捕猎5次才能成功1次。另外，草原上除了狮子，还有其他食肉动物，它们一有机会就会抢夺狮子的猎物和地盘。有了狮群，大家可以共同捕猎、防御敌人和守护领地，小狮子们也能得到更好的保护和照顾，生存下来的机会就更大。

一个狮群通常包括2~3只雄狮，3~12只雌狮，以及处于不同年龄段的小狮子。雄狮在狮群中占主导地位，即使狮群里最弱小的雄狮，它的地位也比最强壮的雌狮高。

雌狮往往一生都在一个狮群中，所以它们之间大多有着血缘关系。

有了狮群的保护，小狮
子们在险恶的自然环
境中能更安全一些。

狮子是怎么捕猎的？它们很挑食吗？

　　狮子一般在夜间、黄昏或清晨时捕猎。它们会在凉爽的时候连续走几个小时寻找猎物，也会埋伏在水塘边，等着动物们来喝水时进行猎杀。捕猎的任务大部分都由雌狮承担，雄狮有时会帮助猎杀一些大型的动物，如水牛、长颈鹿等。狮子们捕猎时，通常会采用合作伏击的形式：一些狮子先埋伏起来，其他狮子朝猎物靠近，然后发起突然袭击，将猎物朝着同伴藏身的地方赶过去；隐蔽的狮子看准时机跳出来，前后夹击，将猎物捉住。

　　虽然狮子通常喜欢捕杀体形较大的猎物，但当食物短缺时，它们什么都会吃，如老鼠、野兔、小鸟、蛇等，还会去抢豹子和鬣 (liè) 狗的食物，甚至还会吃腐肉。

雌狮是捕猎的主攻手，当猎物比较容易捕杀的时候，往往只有一两只雌狮出动捕猎。

雌狮合作捕猎的过程

发现猎物后，雌狮们会匍匐前进，悄悄向猎物靠近。

然后它们会突然发起攻击，让目标猎物跑入其他雌狮的埋伏圈内。大家一拥而上，扑倒猎物，咬住猎物咽喉或口鼻处，使其窒息而死。

一只雌狮会装模作样地从猎物面前走过，装出一副对猎物不感兴趣的样子。

快逃啊！

食谱

长颈鹿 麋羚 角马 斑马 非洲水牛 跳羚 汤氏瞪羚 疣猪

17

狮子的食量大吗？狮群是怎么分配食物的呢？

狮子的食量是比较大的。一般成年雌狮每天要吃5~8千克的肉，而成年雄狮每天要吃7~10千克，甚至30千克的肉。不过，捕猎不是每次都能成功，猎物也不是总能找得到，所以狮子的进食量并不是很规律，有时它们会连续几天都吃得很饱，有时又得连着几天饿肚子。

狮群中的雄狮看着威风凛凛的，但平时主要负责看守领地、保护狮群，偶尔也会照看幼狮，参加狩猎的时间不多。而狮群成员虽然一起休息、一起捕猎，看上去很和平，但并不是每个成员都能得到同样多的食物。雄狮首领通常会先霸占猎物，大吃特吃。雌狮只能瞅准机会，上前争抢一番。小狮子们就可怜多了，有的会因抢不到食物而饿肚子，每个狮群大约只有一半的小狮子能够幸运地存活下来。

等雄狮吃得差不多了，雌狮开始进食。

小狮子们往往是最后进食的，这时的食物已剩得不多了。

小狮子们还会在进食时学着如何攻击猎物的咽喉和头部。

只有捕捉到足够大的猎物，狮群中的每一个成员才能都吃饱。雄狮拥有优先进食的权利，它们会咆哮着逼退雌狮和小狮子，自己先大吃一顿。

看看能不能偷一块肉……

爸爸光顾自己吃，哼！

狮子总是在一个地方生活吗？遇到别的狮群怎么办？

狮群都有相对固定的领地，一般会围绕着一处水源建立。领地面积的大小与狮群成员的多少以及猎物是否充足有关。非洲大草原的气候有雨季和旱季之分，生活在这里的角马、斑马等狮子爱吃的猎物会在旱季迁徙离开，等到雨季再返回。草原上的狮群为了不饿肚子，不得不尾随着迁徙的猎物到很远的地方去捕猎。这种行为很危险，因为它们常会闯进其他狮群的领地。如果只是快速通过，双方一般不会发生冲突。但如果外来狮群在本地狮群领地内饮水或捕猎，就会被本地狮群当作入侵者，双方将大打出手，拼个你死我活。当然，也有一些狮子会留在原来的地方，靠捕捉那些不迁徙的小型动物艰难度日，但它们怎么能轻易填得饱狮子的肚子呢？因此，大型食草动物集体迁徙离开，对草原上所有的狮子来说，都是一场严酷的生存考验。

当旱季来临猎物们迁徙时，狮群多会跟着它们前往很远的地方捕猎。

在非洲塞伦盖蒂大草原上,大约有五分之一的狮子是流浪狮。它们没有自己的领地或狮群,每天要走很远的路去捕猎,很辛苦才能获得食物,所以它们总是在等待机会成为某个狮群的一员。流浪的雄狮通常会挑战狮群中的雄狮,靠武力来获得自己的狮群。

吼!!

狮群的领地大都围绕着一处水源建立。

雄狮为了保护狮群和自己的领地,会和外来的雄狮奋勇作战。

雌狮也会参与领地的防卫工作,对外来的入侵者进行驱赶。

狮子的视觉、听觉、嗅觉是不是都很好？它们是如何交流的？

狮子的视觉、听觉和嗅觉都十分敏锐。它们喜欢在黄昏或黑夜中狩猎，所以拥有很强的夜视能力。不过，狮子依靠最多的还是听觉和嗅觉。它们在很远的地方就能闻到猎物的气息，耳朵能收集周围很细微的声响，以帮助它们判断情况。

狮群中的雌狮大多是亲戚，关系比较亲密。它们平时常常相互磨蹭 (cèng) 头部，发出低低的声音来问候，还会互相舔舐 (shì) 脸部、脖子和肩膀，帮助同伴修饰皮毛，除去身上的寄生虫，等等。不过，雄狮对雌狮的问候很少回应，它们一般会在清晨或傍晚巡视自己的领地，不时发出雷鸣般的吼叫声，警告其他雄狮不要踏入自己的"王国"。小雄狮一般要到 2 岁左右才能像成年雄狮那样发出真正的狮吼。狮子平时也会发出各种哼哼声、咳嗽声等，感到满意时也会像猫咪一样发出咕噜声。

嗷呜！

雄狮的吼叫声能传出 10 千米左右，既可以警告其他雄狮不得进入自己的领地，又可以聚集狮群成员。

雄狮会采用站立喷尿的姿势，在树干、灌丛上喷洒尿液，以此来标记自己的领地。

来玩呀！

狮子有爱玩的天性，玩耍时会友好地弯下身体，压低前半身，向对方发出一起玩的邀请。

狮子每天睡觉的时间很长，甚至能达到 21 个小时，这是它们节省体能的方式，因为只有精力充沛才有可能狩猎成功。

呼噜……

和我一样。

狮子也像小猫咪那样爱睡觉呀。

狮子的面部几乎没有花纹，在夜间捕猎时，其眼部下端的白色斑块有助于将光线反射至眼睛里。

小狮子是怎么成长的呢？为什么雄狮会咬死小狮子呢？

狮妈妈怀孕 3 个多月后会离开狮群，找一个隐蔽的地方生下 2~3 只狮宝宝，并独自哺乳喂养 2 个月左右。不过在这期间，狮妈妈仍然会回去参加狮群的社交和捕猎活动，离开时就将小狮子藏在隐蔽的灌丛中。2 个月后，狮妈妈将小狮子带回狮群，和其他成员一起生活。因为狮群里的雌狮几乎都在同一时期生宝宝，所以狮群一下子就增加了好多只小狮子，雌狮会共同哺乳和照顾这些小家伙。小狮子长到 3 个月左右就可以吃肉了；大约一岁半时，它们就不能再缠着狮妈妈了，因为狮妈妈要准备生弟弟妹妹了；长到两岁半时，小狮子就能独立了。

即使有狮群的保护，小狮子的成长也很不容易。有近一半的小狮子活不到 1 岁，活到 2 岁的也不足五分之一。它们要么死于饥饿，要么死于其他动物的攻击，其中最致命的威胁就是其他雄狮。如果小狮子的爸爸被外来的雄狮打败，失去"王位"，新

跟我玩！

小狮子们通过游戏和玩耍来锻炼肌肉，学习捕猎技巧，为以后的生存做准备。

来的"继父"就会咬死这些小狮子，从而逼迫狮妈妈尽快生下有自己血缘的孩子。这听上去很残忍，但动物学家们认为雄狮这样做可以促进狮子之间的基因交流，生出更健康的后代。

长大的雄狮得离开狮群，有血缘关系的雄狮往往会结成小团体，共同建立起自己的领地和狮群。

小狮子成长过程

刚出生的小狮子看不见东西，只能靠狮妈妈保护。

小狮子在玩耍和游戏中学习本领、了解世界。

稍大点的小狮子会跟着狮妈妈学习如何捕猎。11个月大时，它们就能和其他狮子一同捕猎了。

雄狮首领是一个严厉的慈父，对自己的孩子十分包容，小狮子能否顺利成长也取决于雄狮首领能否成功赶走其他雄狮的入侵。

为什么狮子和鬣狗是死对头?

鬣狗也是非洲大草原上的群居动物,擅长团队作战,是凶猛的猎食者。它们的咬合力比狮子还强,性情也更加残暴冷血。由于它们的猎物和狮子的有些重合,所以两者经常会因捕猎而产生矛盾。不过,鬣狗们一般不会主动招惹狮子,因为雄狮可以轻易杀死一只成年鬣狗。但它们会欺负落单的雌狮,一般三只以上的鬣狗一起出动,就能击退雌狮,抢走雌狮的食物。狮子很讨厌鬣狗的偷抢行为,不过,狮子自己也好不到哪儿去。据动物学家统计,狮子抢夺鬣狗猎物的次数有时要高于鬣狗抢夺狮子猎物的次数,毕竟狮子才是草原上的王者。

斑鬣狗是非洲草原上臭名昭著的"打劫者",它们会在狮子捕猎时在一边旁观,然后瞅准时机"狮口夺食"。

一只雌狮可以轻松战胜两只鬣狗,但遇上三四只鬣狗的围攻,也会败下阵来。

滚开!

威风的雄狮对鬣狗很有威慑力，能轻松对付三四只鬣狗的围攻，但如果鬣狗数量过多，雄狮也不得不退让了。

呵 呵……

鬣狗十分擅长团队作战，捕杀能力不比狮群差。它们有时还尾随着要生幼崽的猎物，会凶残地咬死刚露出头的猎物幼崽。

现在世界上还有哪些狮子呢？

世界上的狮子都是同一种，但因生活环境不同，形态上有些差别。动物学家们又根据它们的分布地区将其分成两个亚群——亚洲狮群和非洲狮群。

非洲狮群 根据其区域又分为不同族群，不过有些已经灭绝。现在我们来认识一下其中的代表吧。

加丹加狮（卡拉哈里狮）

体形较大，比较耐热耐渴。雄狮从头顶到肩部都披着厚实的深色鬃毛，一直下垂到前胸，前腿后根部也长有深色毛；脸颊周围鬃毛的颜色通常较淡。

克鲁格狮

体形较大，雄狮的鬃毛十分浓密，并从肩膀后部一直延伸至腹部的下侧。世界上罕见的白狮子也都来自克鲁格狮。

马赛狮（东非狮）

体形比卡拉哈里狮和克鲁格狮稍小一些。雄狮鬃毛厚而密，毛色有金黄、棕色、黑色等，脸颊周围的毛色稍浅一些。

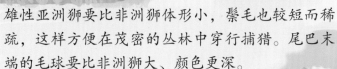

亚洲狮群

曾广泛分布在地中海至印度，由于人们的猎杀和环境的恶化，现在只在印度吉尔国家公园中有几百只，属于濒危物种。

雄性亚洲狮要比非洲狮体形小，鬃毛也较短而稀疏，这样方便在茂密的丛林中穿行捕猎。尾巴末端的毛球要比非洲狮大、颜色更深。

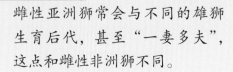

雌性亚洲狮常会与不同的雄狮生育后代，甚至"一妻多夫"，这点和雌性非洲狮不同。

探索 早知道

亚洲狮在丛林中生活，受环境和食物限制，体形不是很大，也很难结成大狮群。非洲狮群是以雄狮为首领，而亚洲狮群大多由两三只雌狮以及它们未成年的幼狮组成。雄性亚洲狮平时多是独居或几只雄狮组团生活。

索马里狮

现存体形最小的狮子，比亚洲狮还要小。雄性颈部的鬃毛大多偏浅红褐色。

西非狮（塞内加尔狮）

目前在野外已经灭绝了。雄狮鬃毛较其他狮子短而稀疏。据分析它们与亚洲狮的种群关系密切。

亚洲狮 的命运

　　我是亚洲狮，和非洲大草原上的非洲狮是兄弟，因为我生活在印度热带丛林中，所以也叫印度狮。我的家族曾经遍布亚洲南部大部分地区，但随着栖息地被人类侵占，加上人类无休止的猎杀，我们到了灭绝的边缘。在1907年的时候，我们仅剩13只了。1908年，人类将我们这最后13只亚洲狮全部捕获进行人工饲养，我们最终在印度吉尔国家公园扎根。人类对我们进行保护和繁殖，并禁止盗猎及其他危害我们的行为，经过100多年的努力，我们的数量渐渐回升，在2020年已经有600多只了。

食谱

水鹿

花鹿

蓝牛羚

山羊

印度野牛

印度黑羚

体形较小　　　　雄狮的鬃毛较短，也不浓密

尾端毛球又大又黑

腹部下端有明显皮褶

　　亚洲狮生活的地区属于热带季风气候，全年高温，又分为旱季与雨季。因旱季长达8个月之久，所以亚洲狮常要面对干旱的困境，生存条件并不比非洲狮好。

雄性亚洲狮一般单独生活，
或结成小群，它们只会在
繁殖期或猎食大型动物时，
才与雌狮群有联系。

雌性亚洲狮每胎产 2~3 只幼狮，但一般只有 1 只能活下来。
幼狮 3 个月后便可同狮妈妈一起外出。它们会同狮妈妈一起
生活 2 年左右。

亚洲狮的狮群规模要比非
洲狮群小，大多由 2~5 只雌
狮及其未成年的后代组成。

31

不是狮的 美洲狮

　　大家好，我是美洲狮，大名叫美洲金猫，有些地方叫我山狮、红虎、紫豹等。不过，我和狮、虎、豹不是同门，那些家伙都属于豹亚科，而我和小猫咪一样属于猫亚科，是里面个头较大的成员。我生活在美洲，除了不太喜欢热带雨林外，能适应各种环境。我是攀爬跳跃高手，喜欢独来独往，常用伏击的方法捕猎，有时猎物比我的个头都要大。捕到的猎物如果一顿吃不完，我会把剩余的部分藏在树上，等以后再吃，这一点倒有些像豹兄。我的性格比较温和，一般不会主动袭击人，只在受到威胁时才会被迫反击。如果从小就接受人类的训练，我也会变得比较温驯，甚至还能看家护院呢，所以我又被称为"人类之友"。

食谱

黄鼠
花鼠
老鼠
兔
驼鹿
鹿
马鹿
叉角羚

全身为单一的灰色、红棕色或红色等

身体匀称，头大而圆，视觉、听觉、嗅觉均很发达

体长近2米，肩高可达65厘米，是猫亚科中体形较大的成员

美洲狮埋伏和准备出击时的姿态。

美洲狮是跳跃能手，能轻易跳过山涧、树丛等。

 6~7 米  6~7 米 6~7 米

猎物在 20 米以内，美洲狮可以不用助跑，直接连续跳跃进行猎杀。

10~13 米

如果有助跑，美洲狮可一跃 10~13 米。

让我看看远处有什么……

美洲狮是短跑健将和攀爬高手，无论是在树上还是山崖上都如履平地。

美洲狮小的时候身上有保护性的斑纹，长大后就会消退。

通常在春末夏初时，美洲狮妈妈会在隐蔽的地方生下 1~6 只幼崽，它们大约需要 2 周时间才能睁开眼睛。

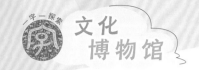

看家护院的 守门狮

狮子在汉朝才来到中国，被当作奇兽养在皇宫中。随着佛教的传播，作为佛教护法者的狮子渐渐在民间广受欢迎。人们认为狮子有护佑平安、驱邪避灾的法力，就用狮子造型来看守大门。于是，守门狮就出现了。

一、皇家守门狮

狮子是权威的象征，以前只有皇宫、官府和贵族豪宅等门口才能摆放守门狮。守门狮是府邸等级的标志，狮头上的发髻越多，府邸等级就越高。清朝时等级最高的是皇宫的守门狮，狮头上有 45 个发髻，象征皇帝"九五之尊"的地位，而其他官员府邸守门狮的发髻最多只有 13 个。

左爪抚慰幼狮，象征皇家的子嗣昌隆，皇位永传

雌狮位于大门入口的左侧。

狮头微低，头上有 45 个螺纹发髻

两眼怒瞪，俯瞰从面前经过的人

身上披着绣带，胸前挂着铃铛

右脚踩着绣球，象征着皇帝掌控国家，一统江山

雄狮位于大门入口的右侧。

北京故宫太和殿是皇帝上朝的地方，也是整个国家的权力中心。要到太和殿必先进太和门，门两侧的这对铜狮子就是守门狮中等级最高的一对。

二、陵墓的"守门狮"

在中国古代，石狮常出现在皇帝或贵族陵墓前，与石人、石马、石虎、石象等一起排列在通往陵墓的神道两侧，起到震慑来者、守护亡者的作用。

明十三陵神道及守墓狮造型

三、民宅的守门狮

在狮子受到民间的欢迎后，一些大户人家也常用狮子造型来看家护院，只是个头要小很多。虽然不如官府的守门狮那样威风，但它们表情丰富，姿态多样，很有生活气息。

直接坐落在石座上
的守门狮

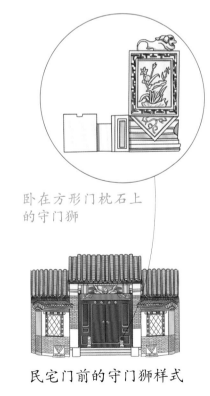

卧在方形门枕石上
的守门狮

与抱鼓石融合一体
的守门狮

民宅门前的守门狮样式

建筑上的 狮

一、卢沟桥的石狮子

除了守门狮，石狮子还常出现在桥梁石栏杆的柱头（又叫望柱）上，象征镇压水患。 在北京永定河（即卢沟河）上，有一座古老的石造拱桥——卢沟桥，它两侧的石栏杆各有 140 根望柱，柱头上雕有石狮子。它们姿态各异，表情丰富，而且很多是大狮子携带着小狮子。这些小狮子大的有 10 余厘米，小的只有几厘米，它们或上或下、或前或后、或明或隐地出现，很难数清有多少只，于是民间就有了"卢沟桥上的狮子——数不清"这一歇后语，而且还传说一旦数清楚了，这些石狮子就会全跑了。是不是很有意思啊？

看，大狮子和小狮子们的各种姿态

卢沟桥始建于金朝，据记载原本有 627 只石狮子，经不同朝代的修缮和改建，石狮子的样子和数量都在变化。 根据 1961 年北京市文物工作者的勘察，石狮子的数量为 485 只，每一只的造型和姿态都不一样。

二、房梁上的狮子

明清一些古建筑中，在柱子和横梁的撑木上常雕刻有装饰的花纹，狮子的造型也经常出现在其中，谐音"事事（狮狮）平安""官登太师（狮）"等吉祥寓意。

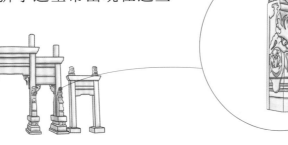

三、牌坊狮

旧时，在一些庙宇、宗祠、街坊入口或村镇的道路上，设有木制或石制牌坊。狮子造型常出现在这些牌坊下方的基座上。

四、房上狮

在古建筑的檐角上，常装饰着一列屋脊走兽，用来辟邪护佑。建筑的等级越高，走兽的数目就越多，除去领头的仙人，其后的走兽数量常按单数从 1 到 9 递增。

闽南等地区一些传统建筑屋顶上的风狮。

故宫为皇家建筑，所以檐角上的走兽大多有 9个，而最高等级的太和殿则有 10 个，这是因为清朝时增加了一个叫行什的压尾兽。狮子排在走兽序列的第三位，象征着勇猛和威武。

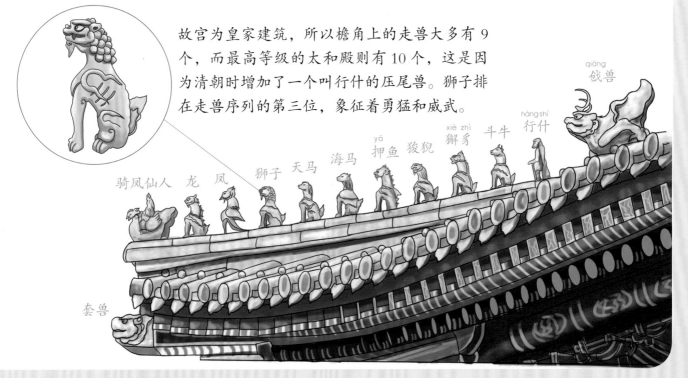

骑凤仙人　龙　凤　狮子　天马　海马　押鱼（yā）　狻猊　獬豸（xiè zhì）　斗牛　行什（háng shí）　戗兽（qiàng）　套兽

埃及的 狮身人面像

在埃及首都开罗南郊的沙漠中，矗立着闻名世界的三大金字塔：胡夫金字塔、哈夫拉金字塔和孟卡拉金字塔，它们是古埃及第四王朝时期祖孙三代法老（即国王）死后的陵墓。著名的狮身人面像就卧在哈夫拉金字塔下庙（又叫河谷庙）的西北方。

相传4600多年前，法老哈夫拉在修建自己的陵墓时，命人修建了这座宏伟的雕像，以此显示自己的功绩。雕像面朝东方——太阳升起的方向，造型体现了狮子的躯体与人的头脑的结合，象征法老的权力和智慧。

头部及两侧是"那姆斯"头巾，代表皇权

额前有圣蛇浮雕

下巴有柱状胡须，是最高统治者的标志

复原想象图

埃及金字塔被誉为世界七大奇迹之一，而卧在金字塔旁的狮身人面像也是一座宏大的建筑雕像。它的头部据说参照了哈夫拉法老的形象，身体为狮子的造型。整座石像是在一整块含有贝壳之类杂质的巨石上雕成，前伸长达15米的狮爪由大石块镶砌而成。

纪梦碑高 144 厘米，宽 40 厘米

狮身人面像曾多次被掩埋在黄沙中，历经沧桑。

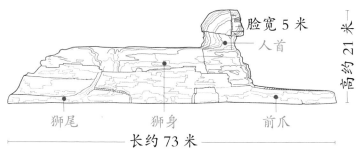

脸宽 5 米

人首

高约 21 米

狮尾　狮身　前爪

长约 73 米

狮身人面像的大小

探索 早知道

在古希腊神话中，人面狮身的女妖叫斯芬克斯，是巨人与蛇怪所生。她长着翅膀，受天后指派到庇比斯城向路过悬崖的行人提出一个谜语："什么动物早晨用四条腿走路，中午用两条腿走路，晚上用三条腿走路？"没有答对的行人会被她吃掉。很多行人被吃掉了，庇比斯城陷入恐慌。后来俄狄浦斯路过此地，回答谜底是人。听后，斯芬克斯从悬崖上跳下摔死了。

你猜一猜

狮身人面像的两个狮爪之间有一块石碑，相传这是由 3400 多年前的另一个法老图特摩斯四世所立，上面记述了图特摩斯成为埃及之王的故事：他还是王子时，在梦中得到狮身人面像的许诺，只要图特摩斯将它的狮身从黄沙中挖出，就会成为埃及之王。图特摩斯醒后命人挖出狮身，后来他也真成了法老，并建造了此碑。所以这个碑也叫纪梦碑。

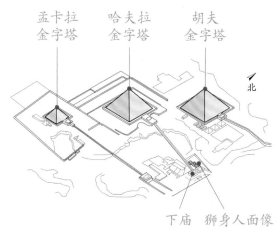

孟卡拉金字塔　哈夫拉金字塔　胡夫金字塔

北

下庙　狮身人面像

狮身人面像与三大金字塔的位置图

传说是国王的士兵们用雕像当靶子，练习大炮射击时把雕像的鼻子毁掉的。另一种说法是拿破仑入侵埃及时，命令士兵用炮轰掉的。

狮身人面像为什么没有鼻子呢？

舞狮的传说

　　传说汉朝时，西域大月氏 (zhī) 国向汉章帝进贡了一只金毛雄狮。使者放话说，如果有人能驯服此狮，大月氏便继续向汉朝进贡，否则就断绝邦交。使者走后，汉章帝先后选了几个人驯狮，都没成功。后来狮子狂性发作，被武士失手打死，为戴罪立功免除责罚，武士就将狮皮剥下，与同伴披上皮毛，装扮成金毛狮子，又另外找一个人用绣球在前方逗引。他们模仿狮子的动作起舞，结果骗过了大月氏使臣，连汉章帝也信以为真了。后来，汉章帝知道了实情，也没有怪罪他们，而舞狮这种形式也作为

当时鸟兽舞的一种被保留了下来。三国时期,舞狮的形式已得到完善。到了南北朝时,佛教开始盛行,因狮子在佛教中很受推崇,还是文殊菩萨的坐骑,被认为是威严吉祥的动物,有护法避邪的作用,所以舞狮在民间更加流行,每逢节庆或有重大活动必有舞狮助兴,长盛不衰,并渐渐形成南狮和北狮两大流派。

我们是北狮!

北狮的造型很像真狮子,狮头样式固定,狮身上披着金黄色长毛。狮头上有红结者为雄狮,有绿结者为雌狮。舞狮者主要随着前方引领者手中的绣球舞动,来表现狮子的各种动作和姿态。

我们是南狮!

南狮又称醒狮。狮头以戏曲面谱作为借鉴,色彩艳丽,制造考究,而且狮子的眼帘和嘴部都可以活动。舞狮时,主要靠舞者的动作表现出狮子的威猛形象和阳刚气质,融南拳武功于舞蹈之中,重在表现狮子的内在神韵。

名诗中的狮

狮子（节选）

明·夏言

jīn móu yù zhǎo mù xuán xīng
金眸玉爪目悬星，→ 眼珠。

qún shòu wén zhī jìn hài jīng
群兽闻知尽骇惊。→ 使震惊、害怕。

nù shè xióng pí wēi lǐn lǐn
怒慑熊罴威凛凛，→ 熊的一种，指棕熊。

xióng qū hǔ bào qì yīng yīng
雄驱虎豹气英英。

译文 金色的眼眸白色的爪，眼睛就像天上的星星一样亮。动物们听到狮吼全都吓得惊慌失措。威风凛凛，冲天的怒气能震慑熊罴；英气勃发，雄健的气势能驱赶虎豹。

诗意 这首《狮子》是明代诗人夏言的作品，全诗有8句，这里选了前4句。夏言是明朝嘉靖年间的首辅大臣，性格刚正，敢于直言。这首诗生动地描绘了狮子的雄姿和威风，同时，也通过狮子表达了诗人自己积极进取的态度。

名画 中的狮

《负伤之狮》

现代·徐悲鸿

徐悲鸿是我国现代著名画家，也是中国现代美术教育的奠基者。他博采中西绘画之长，擅画走兽、花鸟和人物。《负伤之狮》创作于1938年，当时日寇侵占了中国部分地区，国土沦丧，百姓生活悲惨，抗日形势十分紧张。流寓重庆的徐悲鸿为了抒发心中忧国忧民的情怀以及抗日必胜的信念，创作了这幅不朽的抗日名画。当时，西方将中国称作"东方睡狮"，徐悲鸿就用受伤的雄狮来比喻正遭受侵略者炮火摧残的祖国，在生死存亡的危急关头，一定会坚强不屈、奋起反击，争取最终的胜利。

负伤的雄狮身体消瘦、肋骨突出，蹲坐于悬崖山石上；它回首眺望，仿佛有敌人正在追来，但身后已无路可退。风吹乱了它的毛发，微微张着的嘴显得身体有些疲惫，瞪大的眼睛里充满愤怒和仇恨，但更多的是坚强和不屈。它不会束手就擒，要准备拼死一搏了！

立轴　纸本　纵110厘米　横109厘米
现藏徐悲鸿纪念馆

成语故事中的狮

河东狮吼

宋代大文学家苏轼因"乌台诗案"被贬出京，到黄州（今湖北黄冈）当了个小官。在这里，他认识了一个名叫陈慥 (zào) 的人，两人很谈得来。陈慥喜欢佛学，还十分好客，如果有朋友来了，就会热情招待，有时还会叫来歌女唱歌助兴。陈慥的妻子柳氏，出身河东郡，性情很凶悍，嫉妒心也很强。一见到她丈夫叫来歌女和客人一起听歌吟诗，她就十分生气，会用木棍使劲敲打墙壁，闹得大家不欢而散。陈慥平时很怕妻子，苏轼就写了诗句来调侃他：

龙丘居士亦可怜，谈空说有夜不眠。

忽闻河东狮子吼，拄杖落手心茫然。

44

诗句大意是说：陈慥喜欢谈佛论经，往往到了深夜也不睡觉。当他忽然听见家中妻子的怒吼声，吓得丧魂落魄、手杖掉了都不知道。苏轼在诗中描述生动，后来，这个故事渐渐广为流传。

探索 早知道

狮子的嗓门是猫科动物中最大的，雄狮的吼叫声可达 114 分贝，在原野上可以传到约 10 千米远的地方。在佛教中，人们用"狮子吼"来比喻佛祖讲经时震动四方的无上威力。而在武林故事中，相传也有"狮子吼"这一功法，练得此功的人一声吼叫，就可以令对手肝胆俱裂。

故事小启示

"河东狮吼"形容女子凶悍、泼辣，让人害怕。不过，我们也要多想想，她之所以会"狮吼"，是不是被吼之人做的事情也有不对的地方呢？

遨游
汉语馆

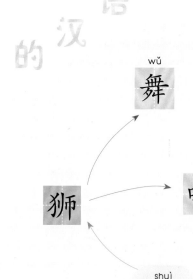

学说词组

舞 wǔ — 民间舞蹈。通常由两人穿上布制的狮服、另一人持绣球表演，表现狮子的生活神态或翻滚跌扑等技巧。

狮 →

吼 hǒu — 在佛教中比喻佛祖讲经时震慑一切的神威。也指狮子的吼声。还比喻悍妻怒骂的声音。

睡 shuì — 沉睡的狮子。过去常比喻未觉醒的旧中国。

学说成语

狮虎当道 shī hǔ dāng dào

指危险的障碍。特别是指作为不采取行动的借口而捏造的或夸大了的危险。

狮子大开口 shī zi dà kāi kǒu

比喻要价或所提条件很高。也比喻人很贪心。

狮子搏兔 shī zi bó tù

搏：扑上去抓。狮子扑上去抓一只兔子。比喻对小事情也非常重视，用出全部力量来完成。常与"亦用全力"连用。

哪怕是一只小兔子，我也会尽全力。

学说谚语

狮舞三趟无人看，话说三遍没人听

舞狮舞得再精彩，舞过几遍后也就没人愿意看了；话说得再好，多次重复以后，就没人愿意听了。

> 怎么人们都走了呢？我们不就才舞了三四遍吗？

> 总是老一套，没意思。

学说歇后语

庙门前的一对石狮子——谁也离不开谁

庙门前的石狮子通常都是成对摆放的。比喻两个人感情深厚或利害相关，无法分开。

卢沟桥上的石狮子——数不清

卢沟桥：在北京西南永定河上，因横跨卢沟河（现称永定河）而得名。卢沟桥桥栏杆的石柱上雕有四百八十五个石狮子，姿态各异。比喻人或事物数量多得数不过来。

石狮子灌米汤——滴水不进

由石头做的狮子连一滴米汤都喝不了。比喻完全听不进别人的劝告。

狮子尾巴摇铃铛——热闹在后头

后头：以后、后面。比喻繁盛活跃的场面还没出现，还需要等待。

> 361、362……

> 背上还有一只。

狮吼 探秘

狮子吼叫的声音可以传得很远，而且还有传说中神秘的"狮吼功"能杀伤敌人。那么，声音是怎么传播的？声音真的也有力量吗？我们的耳朵为什么能听到声音呢？现在我们就在家里一起做个小实验，一探究竟吧。

实验材料

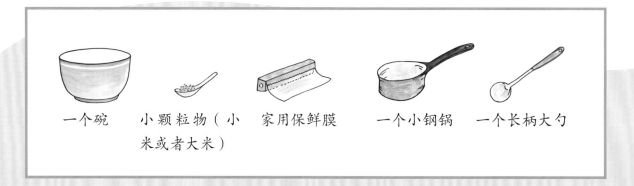

一个碗　　小颗粒物（小　家用保鲜膜　一个小钢锅　一个长柄大勺
　　　　　　米或者大米）

实验步骤

1. 用新的保鲜膜在碗口上绷一层膜，要尽可能绷紧一些，这样我们就做成了一个"小鼓"。

2. 在保鲜膜上倒上一些小颗粒物，并让它们集中在中间部分。

3. 对着保鲜膜说话（不是直接对着小颗粒物哦），从小声渐渐变大声，你会发现什么现象呢？

4. 现在你拿着小钢锅靠近保鲜膜，用大勺敲锅底，你又会发现什么呢？

实验结论

当我们对着保鲜膜说话或敲击锅底时，我们会发现小颗粒物跳动起来了，而且声音越大，它们跳动的就越欢快。这就表明，声音是有力量的。原来，我们发出的声音是以波的形式传递的，当声波碰到保鲜膜时，因保鲜膜很轻，声波的力量就让保鲜膜产生了振动，从而使得小颗粒物被震了起来。

我们耳朵内部也有一小片类似保鲜膜的薄膜结构，叫鼓膜。当声音通过空气，沿着外耳道到达耳鼓膜时，声波会使鼓膜产生振动，带动更里面的听小骨，这种波动传到内耳，内耳会产生神经冲动将声音信息传给大脑，这样我们就听到声音了。

狮子 *知识* 大挑战

1. 狮子喜欢（　　），这样可以更好地生存。

   A.独来独往　　　B.两三只一起行动　　　C.结群生活

2. 狮群有大有小，从5只至30多只都有。狮群的首领是（　　）。

   A.有经验的年长雌狮　　　B.威武雄壮的雄狮

3. 狮子雌雄的长相不同，最大的区别就是（　　）。

   A.身体大小不同　　　B.雄狮有长长的鬃毛　　　C.雄狮很健壮

4. 狮子捕猎的任务大多由（　　）承担。

   A.雌狮　　　B.雄狮　　　C.全部狮子

5. 雄狮在清晨或傍晚会发出长长的吼叫声，这是在（　　）。

   A.召唤同伴聚集起来去打猎　　　B.警告其他雄狮不要靠近自己的领地

6. 如果雄狮爸爸被新来的狮子杀死了，它的小狮子们（　　）。

   A.仍然会在狮群中生活　　　B.会被新首领杀死　　　C.会被赶出狮群

狮子知识大挑战答案

1 C　2 B　3 B　4 A　5 B　6 B

词汇表

鬃毛（zōngmáo） 马、狮子等动物颈部的长毛。

乘凉（chéngliáng） 为避热而在阴凉处休息。

优先（yōuxiān） 在待遇上占先。

称王称霸（chēngwáng chēngbà） 指以首领自居。也比喻非常傲慢自大，独断专行。

合作（hézuò） 指两人或多人（也可指几只动物）一起工作，以达到共同目的。

领地（lǐngdì） 指动物个体独自占有或和群体同伴一起生活的区域，常有固定的边界，不允许其他同类进入，会用气味或痕迹来做标记。它们会在这里进食、休息、睡觉和抚养后代成长。

旱季（hànjì） 在一定的气候型中，一地区一年中重复发生一个月或几个月雨量最少的时期。

雨季（yǔjì） 在一定的气候型中，一地区每年雨量最大的一个月或几个月的时期。

迁徙（qiānxǐ） 指动物为了觅食或繁殖后代，会周期性地从一个地区迁移到另一地区。

灌丛（guàncóng） 指以灌木为主的植物丛。灌木一般长得矮小，植株多枝干，没有明显的主干。它们生长力顽强，能在大树难以生存的地方生长。因此，灌丛的分布比较普遍。

栖息地（qīxīdì） 动物能找到食物，并能休息睡觉，还可以防御捕食者的地方。

邦交（bāngjiāo） 古代诸侯国之间的交往，泛指国与国之间的外交关系。

鸟兽舞（niǎoshòuwǔ） 是一种由人穿着鸟兽的服饰，模仿鸟、兽、鱼、虫等动作以及形态的舞蹈。

图书在版编目（CIP）数据

草原狮子王/小学童探索百科编委会著；探索百科插
画组绘 . –– 北京：北京日报出版社，2023.8
（小学童.探索百科博物馆系列）
ISBN 978-7-5477-4410-9

Ⅰ.①草… Ⅱ.①小… ②探… Ⅲ.①科学知识—儿童读物
②狮—儿童读物 Ⅳ.① Z228.1 ② Q959.838-49

中国版本图书馆 CIP 数据核字 (2022) 第 192914 号

草原狮子王

小学童 . 探索百科博物馆系列

出版发行：北京日报出版社
地　　址：北京市东城区东单三条 8–16 号 东方广场东配楼四层
邮　　编：100005
电　　话：发行部：（010）65255876
　　　　　总编室：（010）65252135
印　　刷：天津创先河普业印刷有限公司
经　　销：各地新华书店
版　　次：2023 年 8 月第 1 版
　　　　　2023 年 8 月第 1 次印刷
开　　本：889 毫米 ×1194 毫米　1/16
总 印 张：36
总 字 数：529 千字
定　　价：498.00 元（全 10 册）